Abhishek James
Ganesh Shanker Mishra

Propriedades físico-químicas e biológicas do lago Macferson Allahabad

Abhishek James
Ganesh Shanker Mishra

Propriedades físico-químicas e biológicas do lago Macferson Allahabad

ScienciaScripts

Imprint

Any brand names and product names mentioned in this book are subject to trademark, brand or patent protection and are trademarks or registered trademarks of their respective holders. The use of brand names, product names, common names, trade names, product descriptions etc. even without a particular marking in this work is in no way to be construed to mean that such names may be regarded as unrestricted in respect of trademark and brand protection legislation and could thus be used by anyone.

Cover image: www.ingimage.com

This book is a translation from the original published under ISBN 978-3-330-32982-9.

Publisher:
Sciencia Scripts
is a trademark of
Dodo Books Indian Ocean Ltd. and OmniScriptum S.R.L publishing group

120 High Road, East Finchley, London, N2 9ED, United Kingdom
Str. Armeneasca 28/1, office 1, Chisinau MD-2012, Republic of Moldova, Europe
Printed at: see last page
ISBN: 978-620-7-85438-7

ESTUDO DAS CARACTERÍSTICAS FÍSICO-QUÍMICAS E BIOLÓGICAS E DA BIODIVERSIDADE DO MEIO AQUÁTICO

ESPÉCIES VEGETAIS DO LAGO MACPHERSON ALLAHABAD, EUA, ÍNDIA

Abhishek James e Ganesh Shanker Mishra

INTRODUÇÃO

O objetivo deste estudo é examinar o potencial dos algoritmos para monitorizar os parâmetros de qualidade da água nos lagos de Allahabad, muitos dos quais são utilizados para a moagem de juta. O conceito de eutrofização foi escolhido para descrever a qualidade da água, utilizando a clorofila como indicador da presença de algas na água. Para a determinação deste parâmetro foi utilizada uma abordagem semi-empírica. Partiu-se do princípio de que os algoritmos seleccionados da literatura funcionaram bem noutros estudos sobre massas de água com características limnológicas comparáveis. (**Mathias,** *et al.* **2005)**

O Conservation Planning Tools Committee (CPTC), também conhecido como Biodiversity Steering Committee for British Columbia, está atualmente a desenvolver um Plano de Ação para a Biodiversidade na British Columbia. Um passo importante no desenvolvimento do plano de ação é a preparação de uma avaliação ecológica que descreverá o estado atual, os impactos e as tendências da biodiversidade na Colúmbia Britânica **(Compass Resource Management Ltd. 2007).**

A qualidade da água é uma questão vital para os seres humanos no nosso ambiente. Existe um determinado limite admissível para o teor de várias substâncias orgânicas e inorgânicas na água que os seres humanos podem tolerar sob a forma de abastecimento doméstico de água potável. A qualidade da água caraterística do ambiente aquático é o resultado de uma multiplicidade de interacções físicas, químicas e biológicas. **(Kumari,** *et al.* **2007)**

A Nigéria é o país mais populoso de África. Com uma população de mais de 140 milhões de habitantes, o país dispõe de recursos hídricos generosos. A superfície de água do país está estimada em 900 quilómetros2 . Estas águas fornecem recursos para a pesca, o transporte e a irrigação. **(Ekyie e Luo, 2010)**

A água é um dos recursos naturais mais importantes à disposição da humanidade. Consciente da importância da água na manutenção da vida, o mundo inteiro está consciente da necessidade de preservar a água, especialmente as massas de água doce. Isto é particularmente importante numa região pobre em água como o Rajastão **(Gupta,** *et al.* **2011).**

A água é um requisito fundamental para a vida; sem ela, não haveria vida. A maioria das reacções biológicas utiliza a água como meio. É por isso que o estudo da água é equivalente ao estudo da vida. A água é o habitat de um grande número de organismos aquáticos, desde o plâncton microscópico até aos grandes animais aquáticos e macro-organismos. **(Duttaet Patra 2013)**

A Organização Mundial de Saúde (OMS, 2002) calcula que a água, o saneamento e a higiene inadequados são responsáveis por 1,7 milhões de mortes por ano em todo o mundo e por 54,2 milhões de anos de vida perdidos devido a incapacidade (DALY). Na Índia, mais de um milhão de mortes de crianças por ano são causadas por doenças relacionadas com a água, como a diarreia (Parikh *et al.*, 1999). De acordo com o NWP (2002), as necessidades de água potável dos seres humanos e dos animais devem ser satisfeitas prioritariamente por qualquer água disponível. A disponibilidade de fontes de água seguras e fiáveis é essencial para uma comunidade estável. **(James, *et al.* 2013)**

A água é um dos recursos naturais mais importantes à disposição da humanidade. Como sabemos a importância da água para a manutenção da vida, a necessidade de preservar a água, nomeadamente a água doce, é reconhecida em todo o mundo. A Terra é frequentemente designada por "planeta azul" porque cerca de 75% da sua superfície está coberta por água, mas a maior parte da água é salgada. Menos de 5% da água é doce e a maior parte encontra-se nas calotes polares, nos glaciares e nas águas subterrâneas. O resto encontra-se em lagos, rios e na humidade do solo. O cenário global da água é muito preocupante. **(Ramesh e Krishnaiah, 2014)**

A água desempenha um papel crucial na formação das paisagens e na regulação do clima. É um dos compostos mais importantes com um profundo impacto na vida. A qualidade da água é geralmente descrita em termos das suas propriedades físicas, químicas e biológicas. A rápida industrialização e o uso indiscriminado de fertilizantes químicos e pesticidas na agricultura estão a causar uma poluição significativa e variada dos ambientes aquáticos, levando a uma deterioração da qualidade da água e a um empobrecimento da biota aquática **(Sharma e Walia, 2014)**.

A água é um dos recursos mais abundantes e necessários na Terra. Sem água, não haveria vida na Terra. A água é a fonte de toda a vida biológica e do seu sustento. A qualidade da água tornou-se uma questão global importante devido ao aumento das actividades de desenvolvimento humano. A poluição é um problema grave, uma vez que cerca de 75% dos recursos hídricos de superfície da Índia estão contaminados com poluentes químicos e biológicos. **(Salla e Ghosh, 2014)**

Os poluentes são substâncias que poluem o ambiente. Eles podem ser físicos ou químicos. Cada sistema de lago é único e a sua dinâmica só pode ser compreendida de forma limitada a partir da informação obtida de outros lagos. Tal como um médico não pode fazer um diagnóstico ou prescrever um tratamento sem um exame pessoal, um limnólogo ou hidrólogo não pode avaliar com exatidão um sistema de lagoas ou propor uma estratégia de gestão sem dados e análises de uma lagoa específica e do seu ambiente. O estudo foi efectuado para verificar o estado de poluição da lagoa de Lahru. A lagoa Lakhru está localizada no distrito de Kangra em Himachal Pradesh (**Kumar,** *et al.* **2014).**

Nos últimos dez anos, foram realizados vários programas de campo em grande escala no mar de Chukchi, principalmente para compreender melhor os efeitos das alterações climáticas nos ecossistemas marinhos do Ártico. Estes programas de campo forneceram novas informações importantes sobre a distribuição e a sazonalidade das comunidades fitoplanctónicas nesta região do Oceano Ártico, mas ainda existem lacunas significativas na nossa compreensão das comunidades fitoplanctónicas no Mar de Chukchi (**Laney e Socik, 2014).**

A diversidade é, sem dúvida, um dos descritores quantitativos de comunidades mais utilizados. As métricas de diversidade são capazes de descrever propriedades do sistema como a complexidade, a estabilidade e o funcionamento do ecossistema, pelo que fazem parte de vários índices multimétricos utilizados para avaliar a qualidade biológica (**Borics, 2014).**

A água é o elixir da vida. É um elemento essencial para a sobrevivência humana. A água doce é um bem fresco. A qualidade da água é considerada um fator importante para a saúde humana e animal e para as doenças. A qualidade das águas superficiais na região é largamente determinada por processos naturais (meteorização e erosão do solo) e influências antropogénicas (descargas urbanas e industriais). As descargas antropogénicas são uma fonte permanente de poluição, enquanto o escoamento superficial é um fenómeno sazonal, largamente influenciado pelo clima da bacia hidrográfica (**Mukhtar, 2014).**

A água doce é uma questão vital para a humanidade, uma vez que está diretamente ligada ao bem-estar humano. As águas de superfície - lagos e lagoas - que são as principais fontes de água para a vida humana, estão infelizmente sujeitas a um stress ambiental significativo e são ameaçadas pelas actividades de desenvolvimento. É por isso que a medição do índice de qualidade da água ajuda a determinar se a água está ou não poluída. O índice de qualidade da água de lagoas e lagos foi estudado por vários especialistas. O índice de qualidade da água é um número único que expressa a qualidade geral da água num determinado local. O objetivo do índice de qualidade da água é transformar dados complexos sobre a qualidade da água em informação compreensível e utilizável pelo público (**Ameetha,** *et al.* **2014).**

O problema da poluição deve-se principalmente às actividades humanas e afecta tanto os países industrializados como os países em desenvolvimento1. A poluição perturba o equilíbrio dinâmico do ecossistema aquático. Uma água de boa qualidade é essencial para todos os organismos vivos, e as características da água, que têm um impacto na sobrevivência, crescimento, reprodução, etc., são importantes para a cultura de organismos aquáticos. A limnologia desempenha um papel muito importante na tomada de decisões sobre as práticas de aquacultura. As alterações na qualidade da água afectam a comunidade biótica do ecossistema aquático e, em última análise, reduzem a produtividade primária, e vários factores físico-químicos divergentes podem causar stress e ter um impacto negativo na população de peixes **(Parithabhanu, 2014)**.

O plano de gestão do lago Indian documenta as acções de gestão realizadas até à data, fornece uma panorâmica do estado atual do lago e contém recomendações de gestão para 2016. O plano delineia uma abordagem abrangente para a gestão do lago, incluindo o controlo de ervas daninhas exóticas, a monitorização da qualidade da água e estudos sobre a vegetação aquática **(Grabill, 2015)**.

As zonas húmidas são um dos ecossistemas com maior diversidade biológica do planeta. Geralmente, albergam uma grande variedade de espécies animais e vegetais, incluindo muitas espécies raras e ameaçadas. As zonas húmidas também prestam muitos serviços ecossistémicos importantes, incluindo o armazenamento de água, o sequestro de carbono, a redução das inundações, a retenção de sedimentos e a redução da exposição a pesticidas e outros poluentes através da filtração. Embora as zonas húmidas cubram apenas 6% da superfície terrestre total, o seu valor está estimado entre 49 mil milhões e 3,4 biliões de euros por ano, o que corresponde ao orçamento necessário para substituir estes serviços. **(Broeck,** *et al.* **2015)**

OBJECTIVO

Avaliação das propriedades físico-químicas e biológicas da água do lago McPherson em Dhumanganj, Allahabad e comparação com a norma CPCB.

Avaliação da biodiversidade das plantas aquáticas no ecossistema do Lago Macpherson.

REVISÃO DA LITERATURA

Kumari *et al* **(2007)** determinaram os parâmetros físico-químicos do lago Sagar. O estudo foi realizado no lago Sagar, na Índia, de janeiro de 2004 a junho de 2004. As amostras foram colhidas em três pontos de amostragem e levadas para o laboratório para análise dos parâmetros físico-químicos em causa, utilizando métodos normalizados para a água e as águas residuais. Os KDs a 0,05 para o DO, nitrato, CBO, CQO, fosfato, CO2, alcalinidade e cloreto foram 7,288, 28,22, 27,32, 56,17, 0,219, 2,55, 101,17 e 278,26, respetivamente. Os parâmetros analisados neste estudo indicam que os habitantes do distrito de Sagar prejudicaram a integridade ecológica do lago Sagar ao deitarem nele resíduos orgânicos sem qualquer tratamento. Como resultado, as ervas daninhas cobrem a maior parte do lago, conduzindo a uma eutrofização progressiva. O estudo revelou que a água do lago Sagar é imprópria para consumo doméstico.

Mustapha (2008) estudou certos factores físico-químicos durante um período de dois anos para determinar a qualidade da água da barragem de Oyun, Offa, Estado de Kwara, Nigéria, para abastecimento de água potável e piscicultura. Foram escolhidas três estações no lago da barragem para refletir o impacto das actividades humanas, do lago e dos habitats lóticos. A temperatura, a transparência, o pH, a condutividade, os sólidos dissolvidos, o oxigénio dissolvido, o nitrato, o fosfato, a carência química de oxigénio, a alcalinidade total, a dureza total, o cálcio, o magnésio, a sílica, o sulfato e o dióxido de carbono foram analisados mensalmente de janeiro de 2002 a dezembro de 2003, utilizando métodos e procedimentos normalizados. Os intervalos de valores para estes factores foram considerados comparáveis aos de outras águas africanas, com exceção do azoto e do fosfato, cujas concentrações excedem os valores-limite para a água doce. O escoamento de fertilizantes à base de nitrofosfato e de sulfato das terras agrícolas vizinhas e a descarga de latrinas de vacas da bacia hidrográfica para a albufeira foram considerados como tendo causado a eutrofização cultural da albufeira. A eutrofização foi particularmente acentuada na estação 1 devido ao impacto das actividades humanas na bacia hidrográfica, o que terá um impacto na qualidade da água e na produtividade dos peixes na albufeira ao longo do tempo. Com base nos resultados do estudo, pode concluir-se que a albufeira de Oyun tem uma excelente qualidade da água, um elevado estado ecológico e um estado químico razoável. A eutrofização, que provou ser uma ameaça para a qualidade da água, deve ser travada o mais rapidamente possível através da gentrificação e do controlo dos nutrientes, a fim de travar a deterioração da qualidade da água.

Ekiye e Luo (Ekiye e Luo, 2010) analisaram o estado da gestão da qualidade da água em cidades industriais na Nigéria. Num país em desenvolvimento como a Nigéria, existe uma enorme necessidade de melhorar vários aspectos da vida e o desenvolvimento económico é uma prioridade para o governo. A indústria cresceu, levando a um aumento das descargas e à introdução de uma multiplicidade de poluentes na água. Este estudo mostra que a urbanização e a industrialização contribuíram para a poluição maciça que se observa atualmente na maior parte das cidades nigerianas, nomeadamente nos Estados de Lagos, Rivers, Kano e Kaduna, que estão repletos de indústrias. Faltam incentivos para tomar medidas de redução da poluição.

Gupta *et al* (2011) avaliaram os parâmetros físico-químicos de três lagos em Jaipur. Os resultados mostraram que vários parâmetros, como a temperatura, o pH, a dureza, a alcalinidade e o oxigénio dissolvido, eram mais elevados no lago Jalmahal do que nos lagos Amer e Galta. A água do lago Jhamaal estava altamente poluída e foi considerada imprópria para consumo, criação de animais selvagens e piscicultura. A água do lago Amer também estava poluída, mas a água do lago Galta estava menos poluída, estando os parâmetros analisados dentro dos limites autorizados.

Offem *et al* (2011) referiram que os lagos, que são importantes fontes de abastecimento de água e de pesca, são vulneráveis aos impactos antropogénicos nos países em desenvolvimento, mas o conhecimento do seu estado trófico devido a alterações na composição das espécies e nas variáveis ambientais é limitado. O objetivo deste estudo foi avaliar o estado trófico dos lagos através da recolha de amostras mensais de três lagos na planície aluvial de Cross River, na Nigéria, entre janeiro de 2008 e dezembro de 2009. As amostras foram analisadas quanto aos parâmetros de qualidade da água, à composição e distribuição do zooplâncton e do fitoplâncton. Os resultados foram submetidos a uma análise da estrutura da comunidade utilizando o índice trófico, a riqueza de espécies e os índices de diversidade. Os principais índices de produtividade primária, nitrato, sulfato e fosfato, foram mais elevados no lago Ejagham e mais baixos no lago Ikot-Okpora. As espécies predominantes de fitoplâncton Oscillatory lacustria (Cyanophyceae), Cyclotellaoperculata (Bacilliarophyceae) e o zooplâncton Ker atellaquadrata, Filinialongiseta, Branchionusanguillaris e Trichocercapusilla (ro-tifers), típicas de comunidades eutróficas, foram detectadas em densidades elevadas no lago Ejagham, Nos lagos Ikot-Okpora e Obubra, foram detectadas densidades elevadas de cladóceros (Bosminalongirostris e Moinamicrura) e de copépodes (crustáceos com pernas de remo), considerados indicadores de oligotrofia e mesotrofia, tanto nos lagos secos como nos lagos húmidos.

Dutta e Patra (2013) referiram que os lagos são fontes naturais de água utilizadas pelos seres humanos para diversos fins. O zooplâncton é um nutriente importante para os peixes. O zooplâncton também desempenha um papel importante e serve como bioindicador e também como uma avaliação do estado de poluição da água. No presente estudo, tentámos avaliar a riqueza, a diversidade e a regularidade do zooplâncton, bem como o estado da lagoa tropical de água doce Yamunabundh em Bishnupur Bankura. A densidade do plâncton e os parâmetros físico-químicos foram registados de janeiro a dezembro de 2012. Foi registado um total de 20 taxa, incluindo 6 rotíferos, 3 copépodes, 4 cladóceros, 3 ostracodes, 4 larvas e protozoários.

Balas *et al* (2013) referiram que os charcos temporários são habitats invulgares, uma vez que possuem características tanto de ecossistemas aquáticos como terrestres. São habitats de interesse público no âmbito da rede Natura 2000 (código Natura: 3130 e 3170) e podem ser encontrados em diferentes regiões climáticas, onde são herbívoros de diferentes zonas húmidas. Embora os charcos temporários mediterrânicos tenham sido bem estudados, pouco trabalho foi dedicado aos seus homólogos continentais, provavelmente porque se encontram principalmente em terras cultivadas e têm frequentemente períodos de repouso de várias décadas. Este estudo tem como objetivo preencher esta lacuna de conhecimento, examinando a composição das espécies vegetais, os tipos de habitat e a diversidade dos charcos temporários numa região com um clima continental. Foram analisados dados de 185 levantamentos fitossociológicos (79 históricos e 106 actuais) de diferentes tipos de terrenos agrícolas alagados, incluindo arrozais, na ecoregião da Panónia. Com base nos resultados das análises de ordenação, classificação e regressão, encontrámos diferenças significativas entre os arrozais e "outras" terras aráveis com humidade estagnada. A distribuição da biodiversidade baseada em dados de frequência de espécies mostrou que estes habitats tinham uma diversidade alfa (número de espécies, Simpsons e Shannons) e beta muito elevada, o que significa que todas as parcelas eram importantes para a conservação do habitat.

Ramesh e Krishnaiah (2014) efectuaram uma análise físico-química da água do lago Belandur em Bangalore em março de 2013. Foi selecionado um total de doze amostras com base na sua importância. Os parâmetros analisados foram a temperatura, a cor, a turvação, a condutividade, os sólidos totais dissolvidos, o pH, a dureza total, o cálcio, o magnésio, a alcalinidade, o sulfato, o nitrato, o cloreto, o fosfato, o fluoreto, o oxigénio dissolvido (OD), a carência biológica de oxigénio (CBO) e a carência química de oxigénio (CQO). O relatório do estudo abrange a análise da qualidade da água do lago.

Sharma e Walia (2014) referem que os Himalaias formam um escudo de imensa importância em toda a frente norte da Índia, desde Jammu e Caxemira, a oeste, até Arunachal Pradesh, a leste. Mas apenas um Estado, Himachal Pradesh, tem a honra de fazer derivar o seu nome dos Himalaias. Devido à sua vasta extensão geográfica, topografia variada e condições climáticas, o Estado possui uma grande diversidade de ecossistemas de zonas húmidas. As zonas húmidas ocupam geralmente uma posição intermédia entre os ecossistemas terrestres e as águas abertas. As zonas húmidas incluem tipicamente lagos, pântanos, turfeiras, pântanos, charcos temporários, margens de rios, mangais e arrozais. A água desempenha um papel crucial na modelação das formas de relevo e na regulação do clima.

Salla e Ghosh (2014) referiram que foram estudadas algumas características físico-químicas do lago inferior de Bhopal. Foram examinados parâmetros físicos como a cor, o odor, a temperatura, a condutividade eléctrica (CE), os sólidos suspensos totais (SST), os sólidos dissolvidos totais (SDT) e a turvação, e parâmetros químicos como o pH, a alcalinidade, a dureza, o cloreto, o sulfato, o nitrato, o fluoreto, o oxigénio dissolvido (OD), a carência química de oxigénio (CQO) e a carência bioquímica de oxigénio (CBO). Os resultados do estudo mostraram que a água do lago estava altamente poluída e imprópria para consumo, uma vez que recebe grandes quantidades de águas residuais não tratadas provenientes de zonas densamente povoadas.

Kumar *et al* (2014) apresentaram um estudo sobre a água da lagoa de Lahru, que foi analisada relativamente a diferentes parâmetros físico-químicos. O estudo foi efectuado durante um período de um ano. Os dados foram recolhidos numa base mensal e apresentados sazonalmente, com o erro padrão. A poluição é definida como a libertação de substâncias e energia como resíduos da atividade humana, causando alterações adversas no ambiente natural. Os parâmetros utilizados no estudo foram a temperatura, a condutividade, a turvação, os sólidos totais dissolvidos, o pH, a alcalinidade, a dureza total, o cálcio, o magnésio, o oxigénio dissolvido, a carência bioquímica de oxigénio, os cloretos, o sódio, os nitratos e os fosfatos. Dos resultados acima referidos, concluiu-se que a água da lagoa de Lahru Tehsil Jawali District Kangra (H.P.) apresentava um nível de poluição muito elevado.

Laney e Socik (Laney e Socik, 2014) A citometria de fluxo padrão e a citometria de imagem foram utilizadas para investigar a composição da comunidade fitoplanctónica dentro e à volta de um florescimento subglacial maciço no mar de Chukchi em 2011. No centro deste florescimento, a cerca de 100 km a noroeste do banco Khanna, as diatomáceas representavam cerca de 87% da biomassa de fitoplâncton específica do carbono na coluna de água, enquanto o nanofitoplâncton representava 9%. Picoeukaryotes e células contendo ficoeritrina, correspondentes a Synechococcusspp, foram também observados neste bloom, mas o picofitoplâncton, os dinoflagelados e os primnesiófitos representaram apenas 1% da biomassa fitoplanctónica do bloom.De um modo mais geral, nesta parte do planalto de Chukchi, o nanofitoplâncton representava normalmente a maior parte da biomassa fitoplanctónica na coluna de água, com uma média de 22%, mas que chegou a atingir 82% em alguns locais. Os dinoflagelados e os primnesiófitos nunca representaram mais de 2% da biomassa da coluna de água em nenhum local e foram mais abundantes nas estações localizadas na encosta inferior a nordeste do Banco Khanna, a leste da flor.

Borics, *et al.* **(2014)** Os problemas ecológicos de qualidade da água estão frequentemente associados ao aumento da produtividade do fitoplâncton e à predominância excessiva de certas espécies de fitoplâncton. Ao avaliar o estado ecológico, recomenda-se a utilização de métricas que mostrem tendências monotónicas para cima ou para baixo ao longo de gradientes de stressores. Os indicadores de biodiversidade são influenciados por uma série de perturbações físicas e apresentam uma grande variabilidade intra-anual; por conseguinte, não existe consenso quanto à utilidade destas medidas como indicadores do estado ecológico.

Mukhtar *et al* **(2014)** avaliaram a qualidade das águas de superfície com base em parâmetros físico-químicos na bacia de Nijin e na lagoa Brari-Nambal do lago Dal, em Caxemira. Além disso, o documento também destaca e sublinha o "índice de qualidade da água" num formato simplificado, que pode ser utilizado em grande escala e dar uma imagem fiável da qualidade da água. Alguns parâmetros foram medidos nos pontos de amostragem, enquanto outros foram objeto de análises laboratoriais. A qualidade da água foi analisada de maio de 2013 a agosto de 2013 em três locais diferentes da bacia hidrográfica de Nijin. Os valores médios dos parâmetros de qualidade da água foram determinados durante quatro meses, de maio a agosto de 2013, para a lagoa Brari-Nambal. Foram medidos sete parâmetros de qualidade da água nos locais de amostragem: pH, condutividade eléctrica (CE), salinidade, oxigénio dissolvido (OD), turbidez, temperatura do ar e temperatura da água. Catorze parâmetros, nomeadamente a carência química de oxigénio (COD), a carência bioquímica de oxigénio (BOD), o total de sais dissolvidos (TDS), o dióxido de carbono livre, a acidez, os nitritos, os fosfatos, os sulfatos, a cor, a dureza total, a alcalinidade, as concentrações de iões cloreto, cálcio e magnésio foram utilizados para análise laboratorial. As variações dos vários parâmetros físicos e químicos foram analisadas mensalmente.

Broeck, *et al* **(2015)** avaliaram todos os habitats de água doce com mais de 50 ha até 2015 para cumprir os requisitos da Diretiva-Quadro da Água (2000). Para alcançar este objetivo, foi desenvolvida uma série de indicadores e índices multimétricos para monitorizar as águas europeias. Em geral, estes indicadores foram desenvolvidos para grandes massas de água, mas ainda não estão disponíveis para pequenas zonas húmidas. Isto contradiz o valor de conservação, os valiosos serviços ecossistémicos e a biodiversidade frequentemente única destes sistemas, bem como o facto de estarem abrangidos pela Convenção de Ramsar, tal como as grandes zonas húmidas (>50 ha). Em regiões (semi)secas como o Mediterrâneo, as pequenas massas de água são frequentemente temporárias, abundantes e servem como uma importante fonte de água para as populações locais, o seu gado e a agricultura.

EQUIPAMENTO E PROCEDIMENTO

Zona de amostragem

O local deste estudo é Dhomanganj, New Katara (Allahabad). [00]A cidade de Allahabad está situada a 25,45 graus de latitude norte e 81,85 graus de longitude leste, a uma altitude de 98,0 metros acima do nível do mar, no estado de Uttar Pradesh. A cidade cobre uma área de cerca de 3.424 quilómetros quadrados e a temperatura varia entre um máximo de 45,6°C e um mínimo de 1,1°C. Todos os estudos experimentais são efectuados no laboratório do Departamento de Ecologia, Escola de Silvicultura e Ambiente, SHIATS Allahabad.

Clima da cidade de Allahabad.

O clima de Allahabad é subtropical húmido, típico das cidades do norte da Índia, e é classificado como "koppen" de acordo com a classificação de Quain. Allahabad tem períodos de seca em janeiro, fevereiro, março, abril, maio, novembro e dezembro. Em média, maio é o mês mais quente e janeiro o mais frio do norte. agosto é o mês mais húmido e abril o mais seco.

A temperatura média anual é de 26,1° C e a temperatura média mensal é de 18-29° C (64-84° F). Allahabad tem três estações: verões quentes e secos, invernos frescos e secos e uma monção quente e húmida. ° °O verão decorre de março a setembro, com temperaturas máximas diárias que atingem os 48°C no verão seco (março a maio) e até 40°C durante a monção quente e húmida (junho a setembro). A monção começa em junho e prolonga-se até agosto, com uma humidade elevada que persiste até setembro. O inverno decorre de dezembro a fevereiro, com temperaturas que raramente descem abaixo de zero. °°°°A temperatura máxima diária média ronda os 22°C e a mínima os 9°C. Nunca neva em Allahabad, mas há nevoeiro intenso no inverno. °°°°A temperatura mais elevada registada é de 48°C (118,4 F) e a mais baixa de 2°C (28 F).

Durante as duas últimas décadas, registou-se uma média de 809,26 mm de precipitação por ano ou 67,44 mm por mês em Allahabad. Em média, há 79 dias de precipitação superior a 0,1 mm por ano, ou seja, 6,6 dias de chuva, neve, etc. O mês mais seco é abril, com uma média de 5 mm de precipitação. O mês mais húmido é agosto, com uma média de 333 mm (13,1 polegadas) de chuva.

Locais de amostragem.

O local de recolha de amostras de água foi selecionado em Dhoomanganj, Allahabad. A fonte de recolha de amostras de água foi um lago. As amostras foram colhidas no lago McPherson. As amostras foram recolhidas em 4 locais.

51- LOCAL A - a leste do lago.

52- SITE B - a oeste do lago.

53- SITE C - a norte do lago.

54- SITE D - a sul do lago.

Frequência de amostragem e análise

As amostras foram recolhidas em intervalos de 25 dias (de 25 de março de 2016 a 05 de julho de 2016) e enviadas para o laboratório de ecologia para análise. As amostras de diferentes locais foram recolhidas em garrafas de plástico e as garrafas de amostras foram lavadas duas a três vezes com água destilada antes de serem enchidas. As amostras recolhidas foram imediatamente transferidas para o laboratório de ecologia da Escola de Ciências Florestais e Ambientais do SHIAC, onde foram medidos quase todos os principais parâmetros de qualidade da água.

Tempo de amostragem :

Período	Data	Dia
março	25/03/2016	Sexta-feira
abril	19/04/2016	Terça-feira
maio	14/05/2016	Sábado
junho	08/06/2016	Quarta-feira
julho	05/07/2016	Terça-feira

Tabela 3.1 - Período de amostragem, data e dia.

NORMA CPCB PARA ÁGUAS DE SUPERFÍCIE

Parâmetros	Valores-limite autorizados
Ec	2250 mmgos/cm máximo.
Ph	6.5-8.5
Temperatura	5($^\circ$c)
Rigidez global	300 (mg/l)
Dureza Mg	100 (mg/l)
Dureza Ca	200 (mg/l)
Corpo	30 (mg/l)
Para fazer	4 (mg/l)
Alkaniti	600 (mg/l)
Cloreto	250 (mg/l)
Tds	300-600 (mg/l)
Mpn	5000 (mpn/100ml)
Turbidez	10(ntu)

Quadro 3.2 - Norma CPCB para águas superficiais.

Parâmetros de amostragem:.

Parâmetros	Método aceite
Temperatura	Termómetro de mercúrio
Valor do pH	Medidor de pH digital
Condutividade eléctrica	Medidor de condutividade (Jackson, 1958)
Sólidos totais dissolvidos	Medidor digital de TDS
Turbidez	Turbidímetro digital
Rigidez global	Titulação com EDTA (Trivedy e Goel, 1984)
Dureza Ca	Titulação com EDTA
Dureza Mg	Titulação com EDTA
Alcalinidade	Titulação (neutralização com HCL padrão) (Moser, 1976)
Cloreto	Método silverométrico
CBO	O método das rugas
Coliformes totais	Oblinger e Coburger

Tabela 3.3 - Diferentes parâmetros da água e métodos de análise.

Análise de amostras de água

Parâmetros físico-químicos :

Temperatura: a temperatura é uma medida comparativa objetiva de quente ou frio. É medida por um termómetro, que pode funcionar com base no comportamento volumétrico do material termométrico, na deteção da radiação térmica e na energia cinética das partículas. Existem diferentes escalas e unidades para medir a temperatura, sendo as mais comuns a Celsius ($°C$, formalmente designada por Celsius), a Fahrenheit ($°F$) e, sobretudo no domínio científico, a Kelvin (K).

Turvação: A turvação da água é causada por matéria em suspensão, como argila, silte, substâncias depositadas e inorgânicas, compostos orgânicos coloridos solúveis e outros organismos microscópicos. A turvação é a expressão de propriedades ópticas que fazem com que a luz seja dispersa e absorvida em vez de passar em linha reta através da amostra de água. A solução de formazina é utilizada como turbidez de referência.

TDS: o total de sólidos dissolvidos é um parâmetro importante para a água potável e outros fins. A qualidade da água potável, nomeadamente o seu sabor, depende do seu teor em minerais dissolvidos e substâncias inorgânicas.

⁺pH: o valor do pH é determinado pelo logaritmo negativo da concentração de iões de hidrogénio e é, portanto, uma medida da intensidade da concentração de iões H. O pH indica se a solução é ácida, básica ou neutra. Se o pH for inferior a 7, a solução é ácida; se for superior a 7, é básica. A água destilada fresca e pura tem um pH de 7.

CE: A condutividade é uma medida da capacidade da água para transportar uma carga eléctrica e é utilizada como um indicador do total de sólidos dissolvidos (TDS). Uma condutividade muito elevada pode ser um indicador de poluição, mas é geralmente medida devido ao impacto do TDS no sabor. A OMS não tem directrizes sanitárias para a condutividade, mas recomenda que a água não exceda 1400 pS/cm, o que corresponde a 1000 mg/l de TDS - o nível a partir do qual a água potável se torna "claramente e cada vez mais imprópria para consumo".

Dureza total: a água é geralmente considerada dura quando necessita de uma quantidade significativa de sabão para formar espuma ou incrustações e quando provoca a formação de calcário nas canalizações de água quente, aquecedores de água, etc. A dureza é causada pela dissolução de catiões metálicos que podem reagir com o sabão para formar um precipitado e com certos aniões na água para formar incrustações. ------ ₂⁺²²⁺⁺⁺⁺⁺— A dureza é causada pelos catiões e aniões Ca , Mg , Sr , Fe , Mn , em combinação com HCO3 , SO4 , CI , NO3 , SiO3.

Teor de cloretos: o cloreto de sódio é a principal substância responsável pela concentração de cloretos na água. 250 mg/l é o limite desejável para a desmineralização de cloretos, a osmose inversa e a remoção de cloretos iónicos. O cloreto é determinado pelo método de Mohr, no qual o cloreto é precipitado por AgNO3 com o indicador cromato de potássio.

Alcalinidade: A alcalinidade é principalmente uma medida da capacidade da água para neutralizar ácidos. Por outras palavras, a sua capacidade de manter um pH relativamente constante. A capacidade de manter um pH constante é devida à presença de iões hidroxilo, carbonato e bicarbonato na água. Os iões carbonato e cálcio são formados a partir do carbonato de cálcio ou calcário, pelo que a água que se combina com o calcário tem um elevado teor de iões Ca e CO e é mais dura e alcalina.

Dureza cálcica: o cálcio está geralmente presente em concentração máxima na água natural. A presença de cálcio na água deve-se à deposição de calcário, gesso, etc. O cálcio é um dos principais catiões envolvidos na dureza da água. Estes catiões formam um sal insolúvel com o sabão e reduzem a eficácia do sabão na limpeza.

Dureza do magnésio: O magnésio é o oitavo elemento mais abundante na crosta terrestre e um componente natural da água. É essencial para o bom funcionamento dos organismos vivos e encontra-se em minerais como a dolomite, a magnetite, etc. O corpo humano contém cerca de 25 g de magnésio (60% nos ossos e 40% nos músculos e tecidos). De acordo com as normas da OMS, o nível permitido de magnésio na água deve ser de 150 mg/litro.

Carência bioquímica de oxigénio: a determinação da CBO é um método químico para determinar a quantidade de oxigénio dissolvido necessária aos organismos aeróbios num ambiente aquático para degradar a matéria orgânica numa determinada amostra de água, a uma determinada temperatura e durante um determinado período.

Coliforme total: O coliforme total é um grupo de bactérias relacionadas que (com algumas excepções) não são perigosas para os seres humanos. Muitas bactérias, parasitas e vírus conhecidos como patogénicos podem causar problemas de saúde quando ingeridos por uma pessoa. O número total de bactérias coliformes é utilizado para determinar a adequação do tratamento da água e a integridade do sistema de distribuição.

RESULTADOS E DISCUSSÃO

Temperatura: a temperatura é um dos factores mais importantes no ambiente aquático. A temperatura desempenha um papel crucial no comportamento físico-químico e biológico de um sistema aquático. A temperatura mais elevada foi registada em junho no local C, com 31°C, e a temperatura mais baixa em março no local A, com 25°C, no lago McPherson em Allahabad. As mudanças de temperatura durante os diferentes períodos podem estar ligadas a mudanças nas condições de humidade nesse local específico. Muitos investigadores apresentaram resultados semelhantes para a temperatura de Sagarlake, na Índia **(Kumari, *et al.* 2007)**.

	SITE A.	SITE B	SITE C	SITE D.
D1	25	26	25	27
D2	28	27	28	28
D3	29	28	29	29
D4	30	30	31	30

Tabela 4.1- Temperatura (°C) em vários locais do lago McPherson em Allahabad, Pensilvânia.

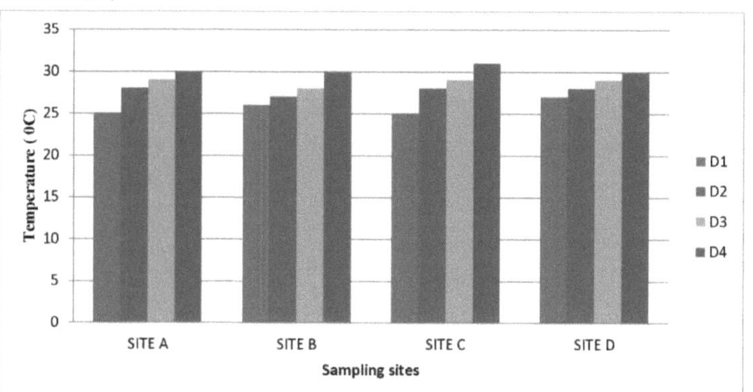

Fig. 4.1- Temperatura em vários locais do lago McPherson em Allahabad U.P.

pH: O pH mede a concentração de iões de hidrogénio na água. É uma medida de acidez ou alcalinidade. Na Índia, muitas das pequenas águas fechadas são naturalmente alcalinas. Depende das quantidades relativas de cálcio, carbonato e bicarbonato. O pH do lago McPherson atingiu um máximo de 10,37 no local B em junho e um mínimo de 6,28 no local D em março, o que pode ser uma pressão adicional devido à poluição das águas residuais e à sua mistura com o lago. Muitos investigadores obtiveram resultados semelhantes para o pH do lago Sagar na Índia **(Kumari, *et al.* 2007)**.

Tabela 4.2- pH em diferentes partes do lago McPherson, Allahabad, U.P.

	SITE A.	SITE B	SITE C	SITE D.
D1	7.46	7.25	7.36	7.28
D2	7.14	7.19	7.15	7.3
D3	7.39	7.35	7.34	7.41
D4	9.5	10.37	9.42	9.33

Figura 4.2 - pH em diferentes partes do Lago McPherson, Allahabad, U.P.

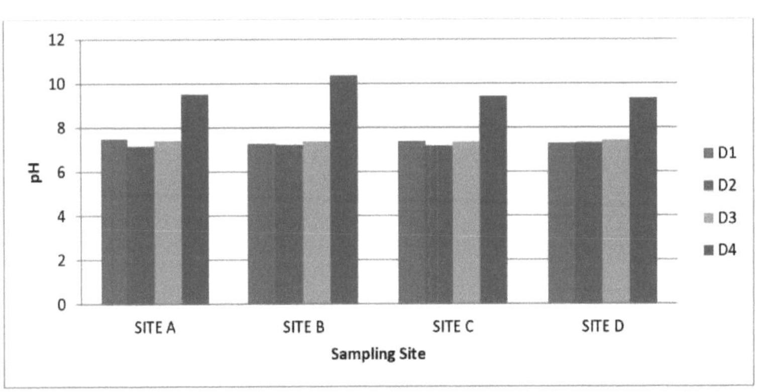

Condutividade: a condutividade **eléctrica** da água é devida à presença de sais na água e à corrente que estes geram. Mede a corrente eléctrica que é proporcional aos minerais presentes na água. Um valor elevado de condutividade reflecte o grau de poluição e de tropicalização da água. A condutividade eléctrica da água depende da concentração dos iões, do estado dos nutrientes e das variações do teor em sólidos dissolvidos. A condutividade eléctrica foi mais baixa no local D (0,62) em junho e mais alta no local A do lago McPherson (1,68) em maio. A água diminui durante o verão, matando algumas plantas aquáticas e deixando muito poucas plantas na água, enquanto as plantas e os animais em decomposição devolvem iões à água **(Solanki e Pandit, 2006).**

Tabela 4.3- CE (mmh/cm) em vários locais do lago McPherson em Allahabad, no sul da Pensilvânia.

	SITE A.	SITE B	SITE C	SITED
D1	1.17	1.17	1.14	1.18
D2	1.55	1.56	1.55	1.52
D3	1.68	1.31	1.3	1.32
D4	0.66	0.65	0.63	0.62

Figura 4.3- CE para diferentes locais no lago McPherson, Allahabad, sul da

Pensilvânia.

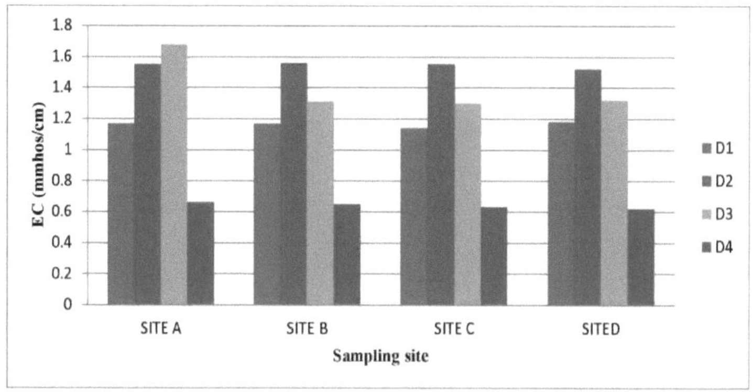

Dureza total: a dureza da água não é um componente específico, mas uma mistura variável e complexa de catiões e aniões. A dureza total foi mais elevada em maio de 1475 no local B e mais baixa em junho de 1250 no local A do lago Maferson, o que pode ser devido à contaminação por cálcio, magnésio e nitratos provenientes da mistura de águas residuais com o lago. A dureza total deve-se principalmente ao cálcio-magnésio e à eutrofização. O elevado valor de dureza pode dever-se a níveis elevados de cálcio e magnésio, bem como de sulfato e nitrato, nas águas residuais que alimentam o lago **(Patel e Sinha, 1998).**

	SITE A.	SITE B	SITE C	SITE D.
D1	1426	1440	1345	1500
D2	1410	1440	1415	1475
D3	1500	1475	1500	1500
D4	1250	1300	1450	1350

Quadro 4.4- Dureza total (mg/litro) em vários locais do lago McPherson, Allahabad, U.P.

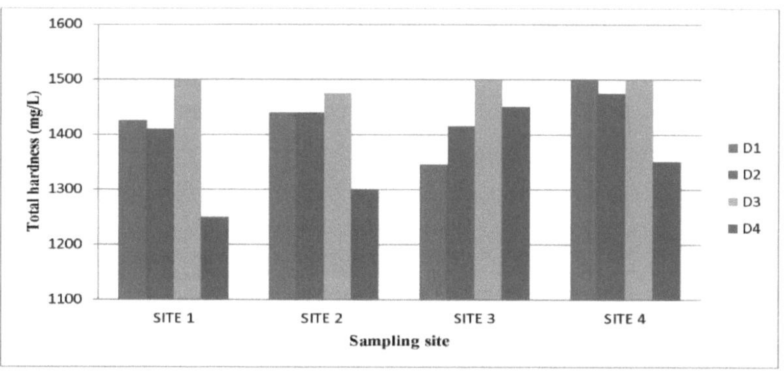

Figura 4.4- Rigidez total em diferentes locais no lago McPherson, Allahabad, sul da Pensilvânia.

Dureza cálcica: O cálcio é um nutriente importante para os organismos aquáticos e está geralmente presente em todas as águas. A dureza cálcica mais elevada foi medida em junho de 200 no local D e a mais baixa em abril de 75 em 3 locais do lago McPherson. Este facto pode ser explicado pela elevada concentração de cálcio nas águas residuais descarregadas no lago nessa altura. O cálcio está naturalmente presente na água, mas a adição de águas residuais pode também ser responsável pelo aumento do cálcio. A diminuição do cálcio pode dever-se à sua absorção pelos organismos vivos. (**Angadi,** *et al.* **2005**)

	SITE A.	SITE B	SITE C	SITE D.
D1	135	140	125	170
D2	75	80	75	75
D3	150	150	180	200
D4	150	125	140	115

Tabela 4.5- Dureza cálcica (mg/litro) em diferentes secções do lago McPherson, Allahabad, U.P.

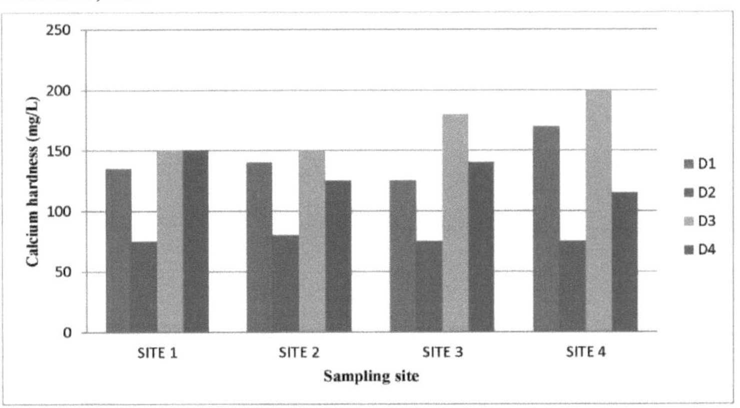

Fig.4.5- Dureza cálcica em diferentes partes do lago McPherson, Allahabad, U.P.

Dureza do magnésio - O magnésio está presente em vários sais e minerais, frequentemente em combinação com compostos de ferro. O magnésio é um oligoelemento vital para as plantas e os animais. O magnésio está frequentemente associado ao cálcio em todos os tipos de água, mas a sua concentração é geralmente inferior à do cálcio. O magnésio é essencial para o crescimento da clorofila e actua como um fator limitante para o crescimento do fitoplâncton. Quantidades consideráveis de magnésio influenciam a qualidade da água. A dureza do magnésio foi mais baixa em junho de 1100 no local A e mais alta em abril de 1400 no local D do lago McPherson. A adição de águas residuais pode ser responsável pela maior concentração de magnésio na água do lago (**Venkatasubramani e Meenambal, 2007**).

	SITEA	SITEB	SITEC	SITED

D1	1285	1300	1220	1330
D2	1335	1360	1340	1400
D3	1350	1150	1320	1300
D4	1100	1175	1260	1235

Tabela 4.6 - Dureza do Mg (mg/litro) em diferentes partes do Lago McPherson, Allahabad, U.P.

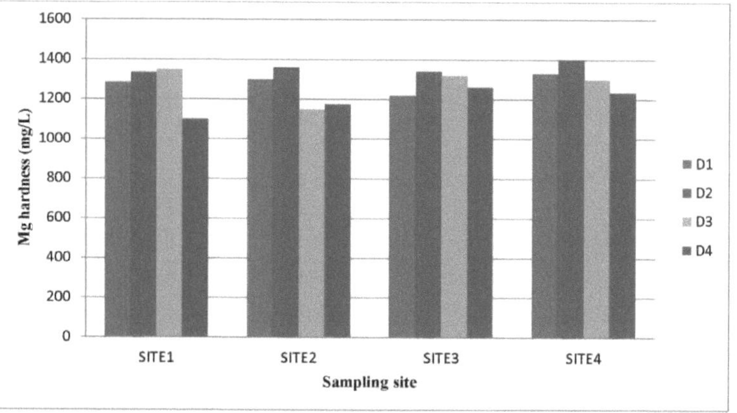

Figura 4.6 - Dureza do Mg em diferentes secções do lago McPherson, Allahabad, sul da Pensilvânia.

Cloretos: os esgotos e os resíduos industriais são a principal fonte de cloretos na água do tanque. O corpo humano elimina quantidades muito grandes de cloretos através da urina e da fáscia. A concentração mais elevada de cloretos no lago McPherson foi medida em março, com 283,6, no local C, e a mais baixa em junho, com 95,71, no local A. A alta concentração de cloretos na água do lago pode ser devida à alta taxa de evaporação. Muitos investigadores relataram resultados semelhantes para os cloretos no lago Sagar na Índia **(Kumari, *et al.* 2007).**

	SITE A.	SITE B	SITE C	SITE D.
D1	237.51	265.87	283.6	272.96
D2	109.89	141.8	141.8	145.34
D3	194.97	177.25	124.07	152.43
D4	95.71	124.07	99.26	116.98

Tabela 4.7 - Cloretos (mg/litro) em diferentes secções do lago McPherson, Allahabad, U.P.

Tabela 4.7- Cloretos em diferentes secções do lago McPherson, Allahabad, sul da Pensilvânia.

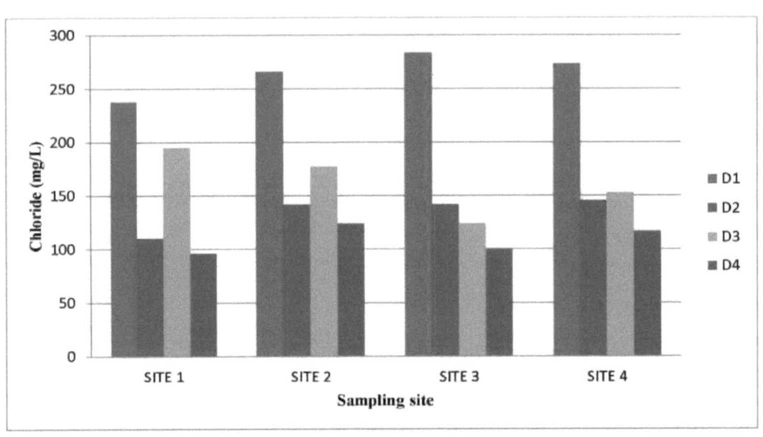

Alcalinidade: as alterações da alcalinidade dependem dos carbonatos e bicarbonatos, que por sua vez dependem da libertação de CO2. A alcalinidade da água natural é devida aos iões hidroxilo livres e à hidrólise dos sais formados por ácidos fracos e bases fortes, bem como aos sais que contêm carbonatos e bicarbonatos, silicatos e fosfatos com iões hidroxilo livres. As variações nos carbonatos e bicarbonatos dependem também da libertação de CO2 pela respiração dos organismos vivos. A alcalinidade total no lago McPherson varia entre 43 e 90. O valor mais baixo de alcalinidade foi medido em julho no local A e o valor mais alto em junho no local C. Muitos investigadores obtiveram resultados semelhantes para a alcalinidade do lago Sagar na Índia (Kumari, et al. 2007).

	SITE A.	SITE B	SITE C	SITE D.
D1	79	80	85	82
D2	80	82	82	86
D3	90	81	84	80
D4	43	50	56	48

Tabela 4.8 - Alcalinidade (mg/litro) em diferentes partes do Lago McPherson, Allahabad, U.P.

Figura 4.8 - Alcalinidade de diferentes secções do lago McPherson, Allahabad, sul da Pensilvânia.

Página 22

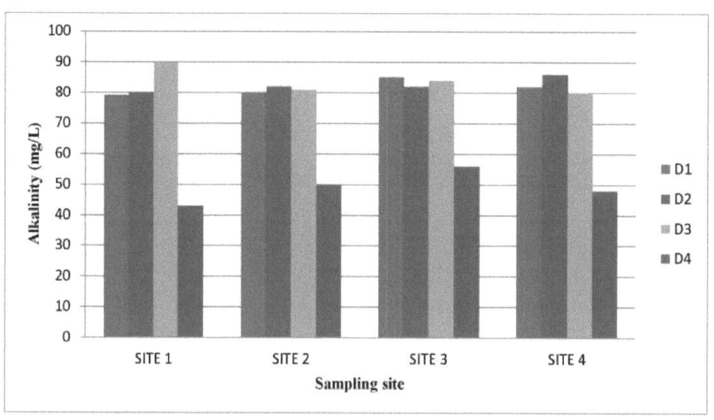

TDS: na água natural, os sólidos dissolvidos são constituídos principalmente por carbonatos, bicarbonatos de cálcio, magnésio, sódio, potássio, ferro, manganês, etc. O teor total de sólidos dissolvidos refere-se principalmente aos diferentes tipos de minerais presentes na água. Os sólidos dissolvidos não contêm gases ou colóides nas águas superficiais naturais. Uma concentração elevada de TDS aumenta o estado nutricional da água e leva à eutrofização do ecossistema aquático. O valor mais elevado de TDS no lago McPherson foi de 779 no local B, em junho, e o valor mais baixo foi de 635 no mesmo local B, em maio, o que poderá dever-se à entrada de partículas no lago através do escoamento marinho e à sua mistura com o mesmo. O elevado valor de TDS no local B pode dever-se à adição de esgotos domésticos, resíduos, fezes, etc. à massa de água de superfície natural. Uma concentração elevada de TDS aumenta o estado de nutrientes da massa de água e conduz à eutrofização do ecossistema aquático (Singh e Mathur, 2005).

	SITE A.	SITE B	SITE C	SITE D.
D1	700	650	657	673
D2	675	689	680	652
D3	717	635	667	645
D4	745	779	715	753

Tabela 4.9 - TDS (mg/litro) em diferentes partes do lago McPherson, Allahabad, U.P.

Figura 4.9 - TDS em diferentes secções do lago McPherson, Allahabad, sul da Pensilvânia.

Página 23

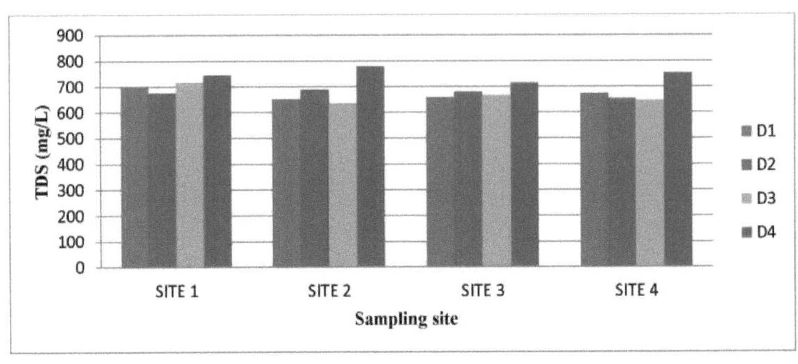

Turbidez: A turbidez é uma medida da dispersão da luz por partículas em suspensão. É causada por substâncias que não estão em solução. A argila, o lodo, a matéria orgânica, o fitoplâncton e outros organismos microscópicos causam turvação na água da lagoa. A turbidez mais elevada foi medida em junho de 55 no local D e a mais baixa em abril de 39 no local C do lago McPherson. A alta turbidez da água da lagoa foi causada pela adição de areia, argila, lixívia, estrume e vários outros poluentes com a água da chuva da área circundante (Mishra et al. 2011).

	SITEA	SITEB	SITEC	SITED
D1	40	43	39	43
D2	47	44	40	41
D3	45	52	48	55
D4	49	48	44	48

Tabela 4.10- Turbidez (NTU) em vários locais do lago McPherson, Allahabad, U.P.
Fig. 4.10- Turbidez da água em diferentes partes do lago McPherson, Allahabad, U.P.
Página 24

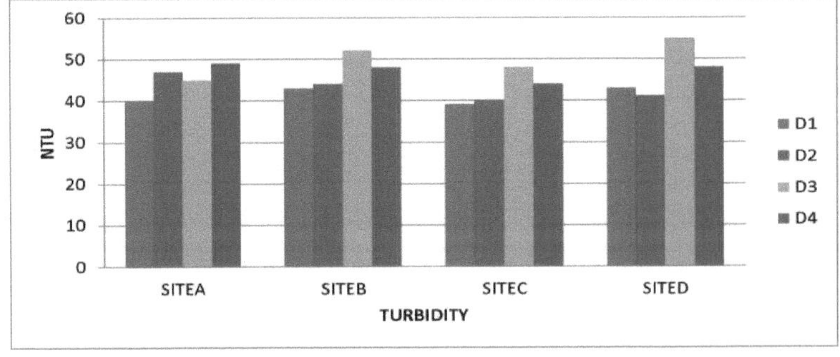

CBO: A CBO é o oxigénio consumido pelos microrganismos durante a oxidação aeróbica da matéria orgânica. Consequentemente, a CBO aumenta à medida que aumenta a quantidade de matéria orgânica na água. O valor mais elevado de CBO na água foi medido em 44 de julho no local C, e o valor mais baixo de CBO foi medido em 29 de maio no mesmo local C no lago McPherson. O aumento da CBO no lago pode ser devido à atividade microbiana máxima, que consome mais oxigénio para degradar a matéria orgânica. Como já foi referido, o NMP do lago era muito elevado. Os animais aquáticos no lago também foram responsáveis pelo aumento da CBO, uma vez que também consumiram oxigénio para respirar (Ramesh e Krishnaiah, 2014).

	SITEA	SITEB	SITEC	SITED
D1	31	30	34	32
D2	33	32	29	35
D3	35	37	35	38
D4	40	42	44	42

Quadro 4.11- CBO (mg/litro) em diferentes secções do lago McPherson, Allahabad, U.P.
Figura 4.11- CBO para diferentes secções do lago McPherson, Allahabad, sul da Pensilvânia.
Página 25

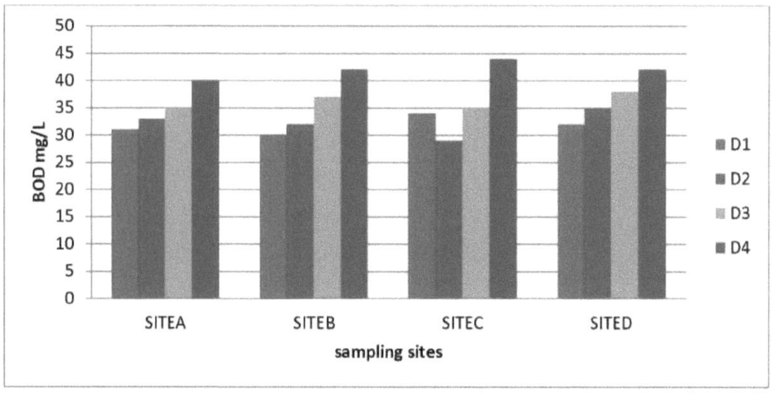

A atividade bacteriana máxima indica a utilização máxima do oxigénio dissolvido. Em consequência, a água do lago está bacteriologicamente muito contaminada e é imprópria para irrigação, água potável, recreio e pesca. Durante o período de amostragem do lago McPherson, a quantidade máxima de NMP na água foi medida em 7 locais diferentes por volta das 17h00 e a mínima em 3 locais diferentes por volta das 11h00. A quantidade máxima de NMP no lago deveu-se à mistura direta de uma grande quantidade de águas residuais poluídas com matéria orgânica no lago (Abate, et al. 2014).

	SITEA	SITEB	SITEC	SITED
D1	1700	1400	1400	1100
D2	1400	1700	1100	1400
D3	1400	1100	1700	1700
D4	1700	1700	1400	1700

Tabela 4.12- NMP (mpn/100ml) em vários locais no lago McPherson, Allahabad, U.P.

Fig. 4.12- NMP em vários locais do lago McPherson, Allahabad, U.P.

Página 26

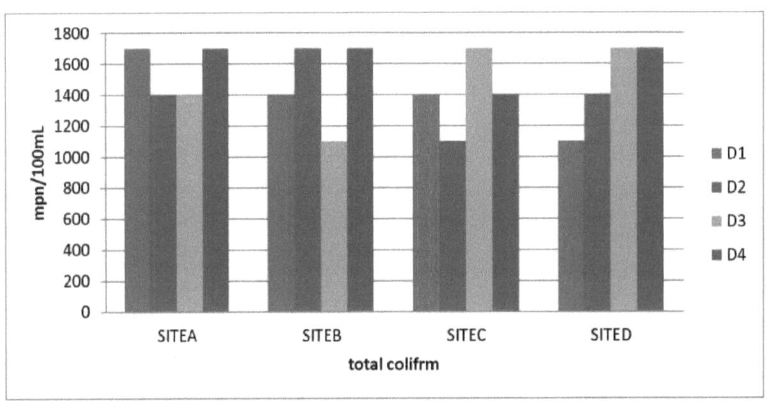

BIODIVERSIDADE DE PLANTAS AQUÁTICAS NO ECOSSISTEMA DO LAGO MACPHERSON, DHUMANGANJ ALLAHABAD EUA.

Espécies de plantas registadas no lago McPherson

- Sagitarialatifolia

Classificação:

Tabela 4.13-.

Cúpula real	Plantee
Sub-região	Trachiobionta

Super divisão	Planta de sementes
Departamento	magnoliophyta
Classe	Liliopsida
Subclasse	Alismatidae
Encomendar	Sísmica
Família	Alismataceae
Sede social	Sagitaria
Tipos	*latifólia*

Fig. 4.13Sagitarialatifolia

Descrição - A Sagitarialatifolia é uma planta que se encontra em zonas húmidas pouco profundas e que é conhecida por araruta de folhas largas, batata-de-pato, batata-indiana ou wapato. Esta planta produz tubérculos comestíveis que eram muito utilizados pelos ameríndios. A Sagitarialatifolia varia em tamanho (2-20 metros) e comprimento. As folhas são extremamente variáveis, desde muito finas (1-2 cm) até em forma de cunha, como na Sagitarialia cuneatea. As folhas são esponjosas e inteiras, com nervuras paralelas que se encontram no centro e nas pontas. A inflorescência é sessiliforme e é constituída por flores grandes dispostas em triângulos. Normalmente, as flores femininas estão divididas na parte inferior e as flores masculinas na parte superior, mas também existem exemplares bífidos.

PATO

Classificação

Reino Unido	Plantas (Plantae)
Sub-região	Traqueobiontes
Departamento	Magnoliophyta
Classe	Liliopsida
Encomendar	Arales
Família	Lemnaceae
Sede social	Lemna L.

Quadro 4.14
Fig. 4.14 Erva daninha, patinho

A lentilha-d'água ou nenúfar é uma **planta aquática** com flor que flutua à superfície ou abaixo da superfície de águas estagnadas ou de movimento lento e de **zonas húmidas**.. Pertencem à família das arumas e são, por isso, frequentemente classificadas como uma subfamília das **Lemnoideae** dentro das Araceae. As classificações estabelecidas antes do final do século XX colocam-nas numa família separada, a **Lemnaceae**.

Estas plantas são muito simples, sem caules nem folhas. A maior parte de cada planta é um pequeno "talo" ou "fronde" organizado, com apenas algumas células de espessura e muitas vezes com bolsas de ar que lhe permitem flutuar sobre ou sob a superfície da água. Consoante a espécie, cada planta não tem raízes ou tem um ou vários rizomas simples.

Um dos principais factores que influenciam a distribuição das plantas das zonas húmidas, e das plantas aquáticas em particular, é a disponibilidade de nutrientes. A lentilha-de-pato está geralmente associada a condições férteis ou mesmo **eutróficas**. A lentilha-d'água pode ser disseminada por aves aquáticas e pequenos mamíferos que a transportam acidentalmente nas patas e no corpo.

Jacinto de água

A classificação é a seguinte

Tabela 4.15.

Reino Unido	Plantas (Plantae)
Sub-região	Traqueobiontes
Departamento	Magnoliophyta
Classe	Liliopsida
Encomendar	Liliales
Família	Pontederiaceae
Sede social	Suporte em carvalho

Fig. 4.15 Jacinto de água

O jacinto de água é uma planta aquática flutuante, perene Uma planta aquática (ou hidrófita) originária das regiões tropicais e subtropicais. Com as suas folhas largas, espessas, brilhantes e ovadas, o jacinto-de-água pode crescer até 1 metro acima da superfície da água. As folhas atingem um diâmetro de 10 a 20 cm e flutuam acima da superfície da água. Os caules são longos, esponjosos e tuberosos. As raízes, emplumadas e soltas, são roxas e pretas. O caule ereto apresenta uma única haste de 8 a 15 flores vistosas e atraentes, geralmente de cor lavanda ou rosa, com seis pétalas. Quando não estão em flor, os jacintos podem ser confundidos com pés de rã (*Limnobiumspongia*).

O jacinto de água é uma das plantas de crescimento mais rápido e reproduz-se principalmente por rebentos ou estolhos que acabam por formar plantas filhas. Cada planta pode produzir milhares de sementes por ano, que podem permanecer viáveis durante mais de 28 anos. O jacinto de água pode crescer de 2 a 5 metros por dia nalgumas regiões do Sudeste Asiático.. O jacinto de água comum (*Eichhorniacrassipes*) é uma planta vigorosa, conhecida por duplicar a sua população numa quinzena.

Na sua área de distribuição natural, estas flores são polinizadas por abelhas de língua comprida e podem reproduzir-se sexualmente ou clonalmente. O carácter invasivo do jacinto de água está ligado à sua capacidade de se clonar, sendo provável que grandes áreas tenham a mesma forma genética. Existem três formas morfológicas de jacinto de água: longa, média e curta. A forma curta, no entanto, está limitada à sua área de distribuição local devido a eventos de fundação que ocorreram durante a sua propagação.

Hydrocotyleranunculoides -

Quadro 4.16

Reino Unido	Plantas (Plantae)
Tribo	Plantas com sementes (espermatófitas)
Subfamília	Angiospérmicas
Classe	Docotyledonae
Família	Apiceae
Sede social	Hydrocotyle
Tipos	*ranunculoides*

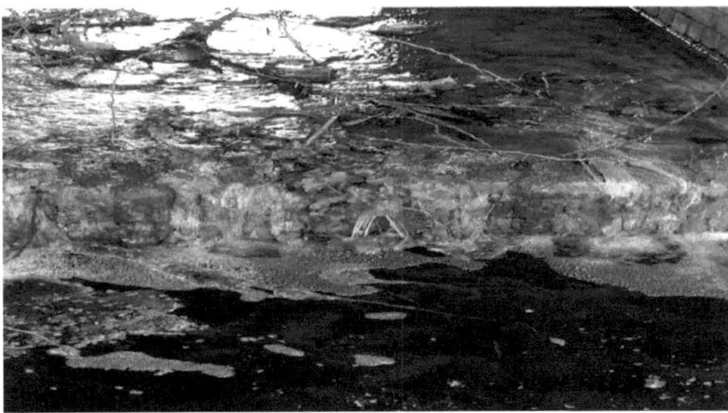

Figura 4.16 Hydrocotyleranunculoides

A **Hydrocotyleranunculoides**, também conhecida como poejo-de-água flutuante, poejo-de-água flutuante ou poejo-de-água flutuante do pântano, é uma **planta aquática** da **família** Apiaceae. A sua área de distribuição **original** é a América do Norte e do Sul e partes de África. No Reino Unido, é uma **espécie exótica invasora** que está atualmente a espalhar-se nos cursos de água. É uma das cinco plantas aquáticas cuja venda no Reino Unido foi proibida a partir de abril de 2014. Esta é a primeira proibição desta espécie no país, e o nenúfar é também considerado uma erva daninha na Austrália. Nos Estados Unidos, por outro lado, está ameaçado em certas partes da sua área de distribuição.

As folhas crescem em caules de até 35 cm de comprimento, são redondas ou em forma de rim, têm 3-7 lóbulos e são dentadas ou inteiras. As flores são pequenas, de cor branca esverdeada pálida a amarela pálida e agrupadas em umbelas de 5 a 13. Os frutos são pequenas sementes que podem flutuar para facilitar a sua dispersão..

TIFA LATIFÓLIA

Quadro 4.17

Cúpula real	Plantas (Plantae)
Sub-região	Traqueobiontes
Departamento	Magnoliophyta
Classe	Liliopsida
Encomendar	Tifais
Família	Typhaceae
Sede social	Typha
Tipos	*latifólia*

Fig. 4.17 TyphaLatipholia

As folhas da Typha são alternas e geralmente basais, dispostas num caule simples e sem costuras com espigas de flores. As plantas são unissexuais, com flores unissexuais que se desenvolvem em inflorescências densas. Numerosas flores masculinas formam uma espiga estreita no topo do caule ereto, enquanto numerosas flores femininas minúsculas formam uma espiga em forma de lábio por baixo da espiga masculina, que pode ter até 30 cm de comprimento e 1 a 4 cm de espessura nas espécies maiores. As minúsculas sementes, com 0,2 mm de comprimento e presas a pêlos finos, decompõem-se na maturidade numa penugem cotonosa da qual as sementes são dispersas pelo vento.

Análise das espécies de plantas aquáticas no lago McPherson

Tabela 4.18.

Sn.	Tipos de plantas nos lagos	Q1	Q2	Q3	Q4	Q5	Q6	Q7	Q8	Q9	Q10	Número total de espécies	Frequência	Federação Russa
1	Sagitaria Latifólia	10	7	20	12	7	0	20	30	0	0	106	70	20
2	Lemna	10	20	0	0	0	300	3	0	13	5	351	60	17.14286
3	Jacinto de água	20	5	20	35	10	6	0	0	35	3	134	80	22.85714
4	Hydrocotyle ranunculoides	0	3	1	0	0	5	3	0	0	2	14	50	14.28571
5	Typha latifolia	20	35	45	55	20	0	40	70	6	15	306	90	25.71429
6	Total											911	350	100

A análise mostra que a distribuição e a abundância de duas espécies são mais elevadas no lago McPherson. Trata-se da Typhalatifolia e do jacinto de água. A sua abundância, frequência relativa e abundância são igualmente elevadas. Ocupam 70% da superfície total do lago. As outras três espécies são apenas marginalmente dominantes, ocupando 10% da superfície do lago, e os restantes 20% são áreas abertas onde nenhuma espécie aquática domina. Devido à cobertura máxima da superfície por espécies aquáticas, o lago tem muito pouca mistura de oxigénio, pelo que os organismos aquáticos raramente sobrevivem.

Espécies dominantes em diferentes habitats lacustres

Quadro 4.19

Tipos	Espécies observadas na costa	Espécies observadas num raio de 10 metros da linha de costa	Espécies observadas em todo o lago

Sagitarialatifolia	++	++	++
Hydrocotyleranunculoides	-	+	+
Typhalatifolia	+++++	+++++	+++++
Lemna	+	++	+
Jacinto de água	+++++	+++++	+++++

O lago foi dividido em três zonas, nomeadamente a zona ribeirinha, a zona situada a 10 metros da margem e a zona situada na totalidade do lago. Verificou-se que a área coberta por duas espécies é quase idêntica nas três zonas, enquanto as outras três espécies estão representadas de forma diferente nas diferentes zonas. Hydrocotyleranunculoides está ausente da zona litoral, mas está presente em número muito reduzido nas outras duas zonas.

RESUMO

A temperatura máxima foi medida em junho no local C com 31°C e a temperatura mínima em março no local A com 25°C no Lago McPherson em Allahabad.

O pH do lago McPherson no local B atingiu um máximo de 10,37 em junho e um mínimo em março.

7,25 no sítio B.

A condutividade mais baixa foi de 0,62 em junho no local D e a mais alta foi de 1,68 em maio no local A em Lac McPherson.

A rigidez global foi mais elevada em maio de 1475 no local B e mais baixa em junho de 1250 no local Ain-Mafersonlake.

A rigidez máxima do cálcio foi medida em junho de 200 no local D e a rigidez mínima do cálcio em abril de 75 em 3 locais, também em McPhersonlake.

O valor mais baixo de dureza de magnésio foi medido em junho de 1100 no local A e o valor mais alto em abril de 1400 no local D em McPhersonlake.

O nível mais elevado de cloretos em McPherson Lake foi medido em março, com 283,6, no local C, e o mais baixo em junho, com 95,71, no local A. O nível mais elevado de cloretos em McPherson Lake foi medido em março, com 283,6, no local B.

A alcalinidade total no lago McPherson varia entre 43 e 90. O valor mais baixo de alcalinidade foi medido em julho no local A e o valor mais alto em junho no local C. Os valores mais elevados de alcalinidade foram medidos em julho no local B e em junho no local C.

O valor mais elevado de TDS no lago McPherson foi medido em junho, 779, no local B, e o valor mais baixo em maio, 635, no mesmo local B.

A turbidez máxima da água foi medida em junho de 55 no local D e a turbidez mínima em abril de 39 no local C do lago McPherson.

O valor mais elevado de CBO na água foi medido em julho de 44 no local C e o valor mais baixo de CBO em 29 de maio no mesmo local C no lago McPherson.

O teor mais elevado de NPP na água foi medido em 7 locais diferentes por volta das 17h00 e o mais baixo em 3 locais diferentes por volta das 11h00 durante o período de amostragem no Lago McPherson.

CONCLUSÃO

No presente estudo, os parâmetros físico-químicos temperatura, CE, pH, TDS, turvação, dureza total, dureza Mg, dureza Ca, CBO, DO, alcalinidade, cloretos e parâmetros biológicos coliformes totais da água do lago McPherson foram determinados em diferentes locais. Cada parâmetro foi comparado com os limites admissíveis prescritos pelo Conselho Central de Controlo da Poluição (CPCB, 2012) para avaliar a qualidade da água do lago. Os resultados do estudo revelaram que a água do lago era imprópria para consumo em termos de turvação, dureza total, Mg, pH, cloreto, coliformes totais, DO, TDS e CBO.

Podemos também constatar que as espécies de plantas aquáticas Hyacinthe e Typhalatifolia dominam o Lago Macpherson de entre todas as espécies presentes no lago. Estas duas espécies ocupam a maior superfície de água do lago. Verifica-se também que espécies receptoras como Lemna, Sagitarialatifolia e Hydrocotyledonunculoides estão presentes em número muito reduzido.

BIBLIOGRAFIA

Angadi, S.B. Shiddamalaiya, N. and Patil, P.K. (2005) Limnological study of Papnash pond, Bidar (Karnataka). *J. Env. Biol, 26,* 2005, 213-216.

Ameetha, S., Baidyanath, K. e Tanuja S. (2014) Avaliação da qualidade da água em duas lagoas do distrito de Samastipur (Índia), *International Journal of Environmental Sciences, Vol. 4, No. 4,*

Abate, B. Woldesenbeth, A. e Fitamo, D. (2015) Avaliação da qualidade da água do Lago Hawassa para vários *usos* designados *da águaJournal of* Water *Management* 9 : 47-60, 2015

Balazs, A.L. Gabor, S. e Attila. M. (2013) Diversidade vegetal e valor de conservação de charcos temporários continentais *Biological Conservation 158 (2013) 393-400S*

Borics, G. Gorgenyi, J. Grigorsszky, I. Nagy, Z.L. Tothmeresz, B. Krasznai, E. e Varbiro, G. (2014) O papel dos indicadores de diversidade do fitoplâncton na avaliação da qualidade de lagos e rios pouco profundos *Ecological Indicators 45 (2014) 28-36S*

Brock, M.W.D. Waterkein, A. Razi, L. Grillas, P. e Brandonk, L. (2015) Avaliar a integridade ecológica das zonas húmidas endorreicas com enfoque nos charcos temporários mediterrânicos *Indicadores Ecológicos 54 (2015) 1-11*

Compass Resource Management (2007) Assessing the impacts of climate change on biodiversity management in British Columbia *Key implications: Climate change. Compass Resource Management, maio de 2007.*

Dutta, T.K. e Patra, B.K. (2013) Biodiversidade e abundância sazonal do zooplâncton e sua relação com os parâmetros físico-químicos em Jamunabundh, Bishnupur, Índia *International Journal of Scientific and Research Publications, Volume 3, Issue 8, August 2013 1 ISSN 2250-3153*

Ekeje, E. e Luo, Z. (2010) Monitorização da qualidade da água na Nigéria; um estudo de caso de cidades industriais na Nigéria *Journal of American Science, 2010:6(4) Water Quality Monitoring*

Gupta, P. Agrawal, S. e Gupta, I. (2011) Avaliação dos parâmetros físico-químicos de diferentes lagos em Jaipur, Rajasthan, Índia *Indian Journal of Basic and Applied Life Sciences ISSN : 2231-6345*

Grabill, B. Cientista Ambiental (2015) Plano de Gestão do Lago 2015 *PLM Lake & Land Management Corp.*

James, A. Nath, S. Thomas, T. Sharma, A. e Kumar, S. (2013) Qualidade da água nos lagos da cidade de Allahabad *Asian Journal of Environmental Sciences Volume 8 | Número 2 | dezembro, 2013 | 90-94*

Jackson, M.L. (1958) Chemical analysis of soil, Prentice Hall of India Private Limited, Nova Deli.

Kumari, S. Sahoo, K. Mehta, A. e Shukla, S. (2007) Avaliação dos parâmetros físico-químicos do lago Sagar, Índia *Asian J. of Bio Sci. (2007) Vol. 2 No. 2 : (76-78)*

Kumar, S. Adiecha, R. e Patel, T. (2014) Variações sazonais na qualidade da água na lagoa Lakhru localizada em Himachal Pradesh *Suresh Kumar et al. Jornal de Pesquisa e Aplicações de Engenharia ISSN: 2248-9622, Vol. 4, Edição 3 (Versão 1), março de 2014, S.507-513* s

Laney, S.R. e Sosik, H.M. (2014) Estrutura da comunidade fitoplanctónica dentro e à volta de um enorme florescimento subglacial no mar de Chukchi *Deepwater ResearchII105(2014)30-4*

Mukhtar, F. Bhat, M.A. Bashir, R. e Chisti, H. (2014) Avaliação da qualidade das águas superficiais através da análise de parâmetros físico-químicos e validação do índice de qualidade da água na bacia de Nijin e na lagoa Brari Nambal do Lago Dal, Caxemira *J. Mater. Environ. Sci. 5 (4) (2014) 1178-1187 ISSN : 2028-2508*

Matthias, C. Christian, G. Daniel, S. Rainer, Z. e Klaus, I. (2005) Determination of water quality parameters in Indian ponds using remote sensing techniques, *Proceedings of the 4th Workshop on Imaging Spectroscopy.*

Mustafa, M.K. (2008) Avaliação da qualidade da água no reservatório de Oyun, Offa, Nigéria, utilizando parâmetros físico-químicos seleccionados *Turkish Journal of Fisheries and Aquatic Sciences 8: 309-319 (2008)*

Moser, J. H. (1976) Guidelines for sampling and preservation, Water, U.S. Environmental Protection Gov/PNACH-602

Mironga, J. M. Matuko, J. M. e Onyewere, S. M. (2014) Efeito dos padrões de irrigação do jacinto de água (Eichhorniacrassipes) na população de zooplâncton do Lago Naivasha, Quénia *Revista Internacional de Desenvolvimento e Desenvolvimento Sustentável ISSN:2186-8662 www.isdsnet.com/ijds Volume 3 Número 10 (2014) : Páginas 1971-1987 ISDS Artigo-ID: IJDS14041401*

Mishra, R. Prajapati, R.K. Dwivedi, V.K. e Mishra, A. (2011) Avaliação da qualidade da água do lago Rani em Rewa (M.P.), Índia *GERF Bulletin of Biosciences*

2011, 2(2):11-17

Offem, B.O. Ayotunde, E.O. Lkpi, G.U. Ada, F.B. e Ochang, S.N. (2011) Avaliação do estado trófico de três lagos tropicais com base no plâncton *Journal of Environmental Protection*, 2011, 2, 304-315

Patel, N.K. and Sinha, B.K. (1998) A study of pollution load in a pond of Burla district near Hirakund dam in Orissa. *J. Env. Poll. 5,* 1998, 157-160

Parikh, K.S. Parikh, J. e Raghu Ram, T.L. (1999) Air and Water Quality Management: New Initiatives Needed. In: India Development Report, Parikh, K.S., (ed.).Oxford University Press, NEW DELHI (INDIA).

Parithabhanu, A. (2014) estudos sobre a caraterização da água dos lagos para a aquacultura, *revista internacional de farmacologia e ciências biológicas, issn 0975-6299*

Ramesh, N. e Krishnaiah, S. (2014) Avaliação dos parâmetros físico-químicos do lago Belandur, Bangalore, Índia *Revista Internacional de Investigação Inovadora em Ciência, Engenharia e Tecnologia Volume 3, Número 3, março de 2014*

Singh, R.P. and Mathur, P. (2005) A study of variation in physico-chemical characteristics of a fresh water body in Ajmer city, Rajasthan, Ind. *J. Environ. Science,* 9, 2005, 57-61.

Solanki, H.A. e Pandit, B.R. (2006) Estado trófico da água da lentilha d'água em lagos que contêm água do

Vadodara, Gujarat, Índia. *Int. J. of Bioscience Reporter 4 (1),* 2006, 191-198.

Salla, S. e Ghosh, S. (2014) Avaliação dos parâmetros de qualidade da água do lago inferior, Bhopal. *Appl Sci Res, 2014, 6 (2):8-11*

Sharma, V. e Walia, Y.K. (2014) Análise da qualidade da água utilizando parâmetros físico-químicos do lago Govind Sagar, Pensilvânia (ÍNDIA) *Asian J. of Adv. Basic Sci : 2(3), 83-91 ISSN (Online) : 2347 - 4114*

Trivedi, S.E. e Goel, P.K. (1984) Chemical and biological methods for studying water pollution. Environ. Pub, Karad, Índia".

Venkatasubramani, R. e Meenambal, T. (2007) A study of subsurface water quality in Mattupalayam Taluk of Coimbatore district of Tamil Nadu. *Nat. Environ. Poll. Tech. 6,* 2007, 307-310

I want morebooks!

Buy your books fast and straightforward online - at one of world's fastest growing online book stores! Environmentally sound due to Print-on-Demand technologies.

Buy your books online at
www.morebooks.shop

Compre os seus livros mais rápido e diretamente na internet, em uma das livrarias on-line com o maior crescimento no mundo! Produção que protege o meio ambiente através das tecnologias de impressão sob demanda.

Compre os seus livros on-line em
www.morebooks.shop